Wer es verstehen kann, der verstehe es.

Wer aber nicht, der lasse es ungelästert und ungetadelt.

Dem habe ich nichts geschrieben.

Ich habe für mich geschrieben.

Jakob Böhme

Jedes ausgesprochene Wort erregt den Gegensinn

Joh Wolfgang v. Goethe

Ich danke

Dem Unternehmen BoD das durch seine Konzeption die Veröffentlichung auch unkonventioneller Ideen erlaubt.

*U.W. Geitner*

# Der Pfad zur Weltformel

Das Innenleben der Elementarteilchen XI d

FSC
www.fsc.org
MIX
Papier aus verantwortungsvollen Quellen
Paper from responsible sources
FSC® C105338



Herstellung und Verlag Books on Demand GmbH, Norderstedt

Printed in Germany

Dieses Buch wurde im On-Demand-Verfahren hergestellt

ISBN 978-3-7386-1751-1

BoD ist Mitglied im Börsenverein des deutschen Buchhandels

**Inhalt**

## 1 Einführung

Was soll eine Weltformel liefern? Sie soll eine (einfache) Erklärung für das liefern, was die Welt (dh hier: das Universum) ist und damit auch für das, was in ihr geschieht. Insbesondere sind es die Widersprüche, das was wir nicht verstehen: was doch so ist, wie es nicht sein sollte, für die wir eine Erklärung erwarten. Wir erwarten im Prinzip, daß wir aus einer Aussage (oder zwei Aussagen, auch drei lassen wir zu, darüber hinaus wird es kompliziert) alles andere ableiten können.

.

# 2 *Entstehung der Urquanten*

Dieses Kapitel bereitet die größten Hürden: den Übergang vom Nichts ( **N** ) zum Etwas ( **E** ). Es wäre zu einfach, diesen Schritt wegzulassen und davon auszugehen, daß schon immer Etwas **E** bestanden habe. Wir wollen diese Möglichkeit nicht ausschließen. Sehen und beurteilen Sie selbst:

## 2.1 Punktewolken aus dem Nichts

Wir gehen vom Nichts **N** aus und versuchen einen ersten Schritt der Belebung mit physikalisch nicht vorhandenen Gebilden, am einfachsten mit Punkten. So gelangen wir zum strukturierten Nichts **Ns.** Durch Verdichtung der Punkte und einem mathematischen Formalismus des Grenzübergangs werden daraus physikalische Punkte: Sie können (sich bewegen) mit anderen Punkten kollidieren: Sie sind impulsfähig, dh. reaktionsfähig.

Impulsfähigkeit bedingt: Bewegung und Masse. Bewegung heißt Lageveränderung zu anderen Punkten. Dazu müßten wir die Lage und damit den Raum und auch die Zeit einführen. Ohne das zu vertiefen wenden wir uns gleich der Frage nach der Masse zu. Nach Higgs wird die Masse durch Bosonen erzeugt. Wir werden in den folgenden Kapiteln ausführlich darauf eingehen In Frage käme die sog kinetische Masse (wie bei den Bosonen: Licht, Gluonen...), keine Ruhemasse (wie bei den Fermionen: Elektron, Quark...)..Nach unserem Modell gibt es am Anfang nur die Punkte, keine weiteren Bosonen. Die Punkte müßten also (formal) auch als ihre Bosonen fungieren. Das läßt sich in den angesprochenen Kapiteln gut erklären. Voraussetzung sind unterschiedliche Punktewolken mit unterschiedlichen Flugrichtungen. Sonst gibt es keine

Kollisionen, keine Reaktionen und keine Impulse. S. Bild 2.1 und Band 7 Le Debut de l'Ünivers.

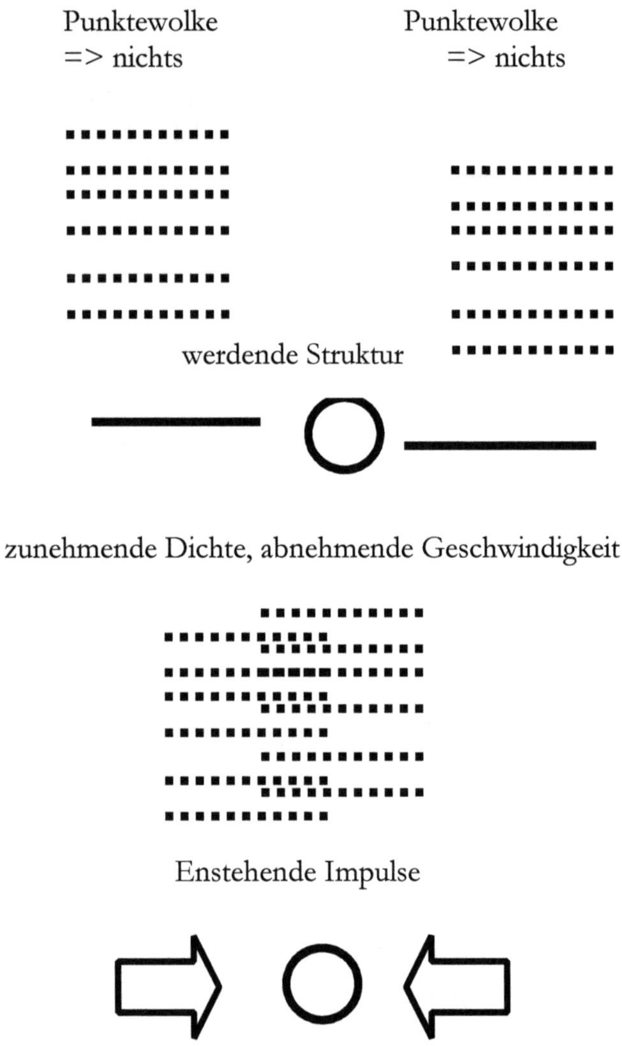


**Bild 2.1: Entstehung des Impulses**

Mit der Reaktionsfähigkeit sind die Urquanten geboren. Jede Reaktion erzeugt zwei Vorläufer der Urquanten als Teil von **E**. Als erste Zeile der Weltformel erhalten wir:

**N > Ns > ( I )** I =Impuls
**( I ) =** 2 x **( Vq )** Vq = Vorläufer Urquant
**Vq =^ E**

## 2.2 Punkt als Quelle

Eine andere Vorstellung geht von einem Punkt aus: Da es keinerlei Felder gibt, können sich alle Elementarteilchen in einem Punkt überlagern. Durch eine nicht beschreibbare Ursache entstehen daraus Teilchenwolken. (Bild 2.2). Mit diesem Ansatz sind die Elementarteilchen und ihre Impulsfähigkeit von Beginn an gegeben. Das ist auch der Nachteil des Modells: Mehrere Anfangseigenschaften ohne Erklärung.

## 2.3 Kein Anfang (u. kein Ende)

Das ist sicher das einfachste Modell. Es geht von einer ständigen Veränderung des Universums aus. Es argumentiert (zu recht): auch bei der Konstruktion aus dem Nichts bedarf es (mindestens) eines Anstoßes, der physikalisch nicht erklärt werden kann. Die Religion führt hier Gott als Schöpfer ein und verlagert das ewige Sein auf ihn.

Mag uns eine Gottesvorstellung noch so sympatisch sein: Wir wollen uns nicht in die Tasche lügen: Die Enstehung aus dem Nichts mag angedeutet sein, logisch bleibt eine Lücke: Das Dilemma zwischen der Notwendigkeit eines Anfangsgrundes (Satz vom Grunde) und der Notwendigkeit der Erhaltung von allem.

Punkt als Quelle

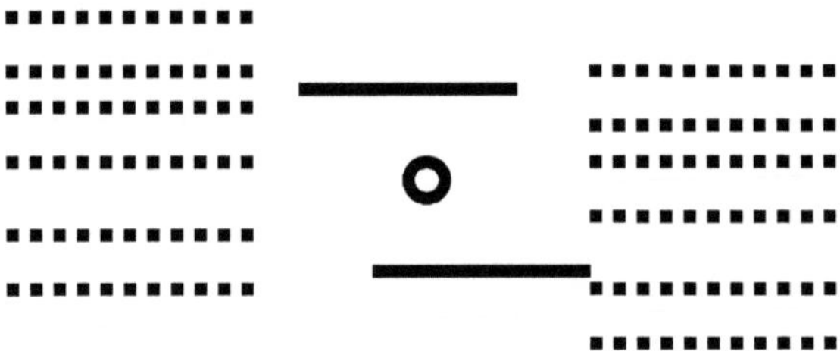

werdende impulsfähigeStruktur

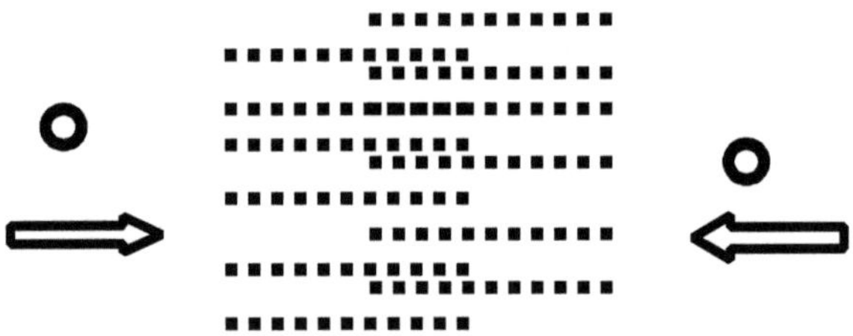

Kollisionen zu Schwingungungen

**Bild 2.2: Punkt als Quelle**

## 3 Entstehung von Wellen (Energie)

Gemeint sind die Wellen der Teilchen, der Urteilchen. Bisher haben wir nur eine gerichtete (relative) Bewegung ihrer Vorlaufer festgestellt. Es hilft ein Blick auf unsere tägliche Umgebung, um die Entstehung von Wellen aus den impulsfähigen Vorläufern zu erklären. Die Luft besteht aus vielen Teilchen, die durch viele Zusammenstöße in dauernder Bewegung sind. Das sind noch keine Wellen: es fehlt die Kraft, die eine Richtung festlegt. Die ist bei den Meereswellen durch den Wind gegeben. Bei den Vorläufern der Urteilchen ist es der Teilchenstrom, der die Richtung festlegt. Geschwindigkeit und Dichte bestimmen die Wellenhöhe (Amplitude). Jede Kollision bedeutet einen Ausschlag und über die Zeit gestreckt ergibt sich die (lineare) Welle. (Bild 3.1)

Die Elementarteilchen, zT auch deren Vorläufer sind keine Einzelwellen sondern Wellenpakete. Wie finden die Wellen zusammen? Bei den Elementarteilchen durch die Kräfte der Felder, die in diesem Stadium noch nicht existieren. Hier gibt es die (diffuse?) Bewegung gleicher Objekte. Dabei werden die Objekte statistisch am wenigsten getroffen, die in der Bewegung lokal am nächsten sind. Dadurch ergeben sich über längere Zeit Wellengruppen. Dieses „Verhalten“ ist unmittelbar einsichtig (in der Gruppe bekommt man weniger Schläge) und wird wissenschaftlich durch das Prinzip der Wirkungsoptimierung bechrieben und begründet. Sie ist durch Lagrange und Hamilton ähnlich formuliert worden: Es wird eine Energiebilanz von kinetischer (bewegungsbezogener) und potentieller (ruhebezogener) Energie gebildet: Die kinetische Energie wird minimiert, die potentielle maximiert: Weniger Bewegung, mehr Reserve. Da dieses Prinzip von grundlegender Bedeutung ist, schreiben wir es als zweiten Teil der Weltformel auf:

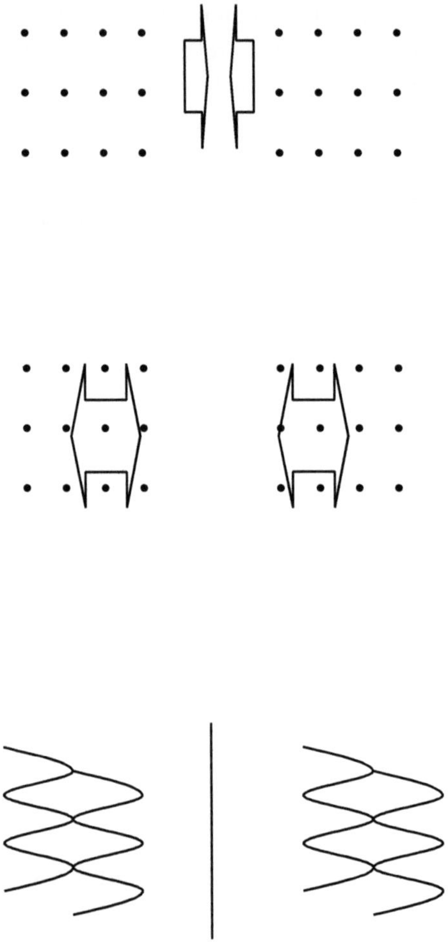

Kollision
Zweier
Punktewolken

Vibration
Nach der
Kollision

Vibration
Über die Zeit

**Bild 3.1: Entwicklung der Welle**

**W** =! **Min ( En** kin – **En** pot **)**
Wirkung = Energie x Zeit

Gäbe es dieses Prinzip nicht, könnten wir nicht einen „sinnvollen" Bewegungsablauf konstruieren. Zu den grundlegenden Prinzipien gehören auch die Erhaltungssätze: Die Summe von Allem **A** bleibt konstant:

**Su (A)** = const.

Dh es kommt nichts hinzu und es geht nichts unter. Umwandlungen von einem Zustand (der Welle oder des Teilchens) in einen andern sind (fast) immer möglich. Die Summe der Energie bleibt erhalten oder in anderen Beispielen: die Summe der Baryonen oder die Summe des Spin...Der Erhaltungssatz steht allerdings in krassem Gegensatz zur ersten Zeile der Weltformel: der Entstehung des Etwas aus Nichts.

Es ei denn wir nehmen an: Das Etwas **E** habe immer bestanden und verändere sich oder: es fließt immer genau soviel an **E** ab, wie hinzu. Mathematisch sind solche und ähnliche Ansätze versucht worden, zB mit der Quantenschleifen- (negative Zeit) und der Stringtheorie (Multiversen).

Den Erhaltungssatz und die Wirkungsoptimierung müssen wir in engem Zusammen hang mit dem Satz vom Grunde sehen: Alles was entsteht hat einen Grund, eine Ursache:

**E** n = **f ( E** m **)** n > m

Und rückwärts gelesen: Es hat alles sein Ziel. Anders formuliert: Es hat alles einen Anfang und ein Ende. Diese Sätze haben so fundamentale Bedeutung, daß wir sie in für den Pfad zur Weltformel vormerken.

# 4 **Entstehung von Wellenpaketen** (Teilchen)

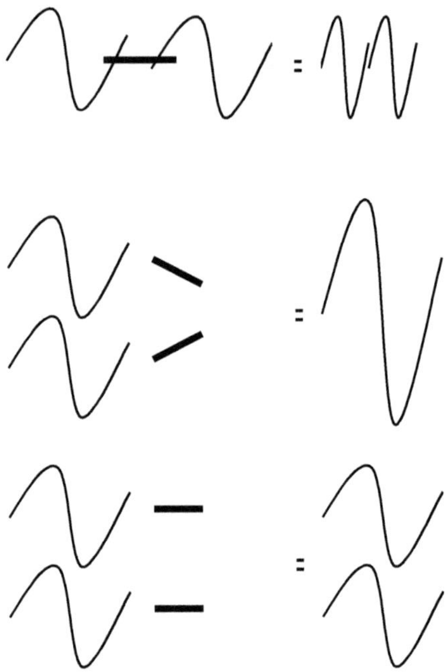

a) Addition von Frequenzen

b) Addition von Amplutuden

c) Addition der Stärke (Dichte)

**Bild 4.1**: Wellenarithmetik

Die Entstehung von Wellenpaketen steht im Zusammenhang mit der Wellenarithmetik: Je nach relativer Bewegungsrichtung ergibt sich aus zwei Wellen eine einzige mit einer Erhöhung (oder Verringerung) der Amplitude oder der Frequenz. Dieser Mechanismus ist impulsbegründet und setzt gleiche (ähnliche) Objekte voraus. Bild 4.1

Bei den Wellenpaketen bleiben die einzelnen Wellen bestehen und bilden eine wegen der gleichen Parameter nur schwer trennbare Einheit. Dafür gibt es zwei Vorzugsrichtungen: gleiche Ausrichtung oder senkrecht zu einander (auf den drei Raumachsen X, Y, Z). Die Frequenz muß gleich oder ein einfaches Vielfaches sein (1/2 oder 2). Andere Winkel oder Frequenzen sind zu instabil.

Die Entstehung der „Urwelle“ haben wir beschrieben, das Urquant. Über den Mechanismus der Anlagerung enstehen daraus die Primär-, die Sekundärquanten und schließlich die Elementarteilchen.(Band.V Detailmodell u. VII f.Le Debut de' l Univers). Diese erzeugen auch mehrere Feldarten und damit Kräfte für die Anlagerung und Trennung. Zunächst zu den Elementarteilchen, die wir gut verstehen, wenn wir ihren Aufbau kennen: Pakete von Wellenpaketen. Bild 4.2

Der Aufbau läßt sich am deutlichsten bei den Fermionen (Neitrino, Elektron, Quark) erkennen und formulieren: wenn das Elektron auch über die schwache Kraft wechselwirkt, muß es genau dasgleiche Instrumentarium besitzen wie das Neutrino. Wenn das Quark auch elektromagnetisch und schwach wechselwirkt, muß es genau die Instrumente des Elektrons und des Neutrinos besitzen. Solcherlei Konstrukte als „Punkte“ zu definieren scheint – vorsichtig formuliert – überholt.

## Standardbausteine Fermionen

Welle Ladung1 **L1**
Welle Ladung2 **L2**
Spinwelle **S** : !/2

| Neutrino | Elektron | Quark |
|---|---|---|
| **L1 L2 S** | **L1 L2 S** (Elektr) | **L1 L2 S** (Qu) |
| | **L1 L2** (Neutr) | **L1 L2** (Elektr) |
| | | **L1 L2** (Neutr) |

## Standardbausteine Bosonen

Welle Ladung L
Spinwelle S : 1

| Massenquant | Licht | Gluon |
|---|---|---|
| **L1 S** | **L1 L2 S**(Elektr) | **L1 L2 L3 S** (Quark) |

**Bild 4.2 : Wellenpakete**

Für die Regeln des Aufbaus haben wir den Begriff des evolutionären Codes gewählt: Dabei erhält jedes Baustelement (jede Welle) den Namen, der ihrer Ladung **Li** entspricht. i steht dabei für die Art der Ladung. (In Band 9 und anderen wird die Notation F verwendet) Damit läßt sich der Aufbau der Elementarteilchen und ihre Eigenschaften schlüssig herleiten. Auch der Spin läßt sich damit gut einbetten und erklären als eine Welle **S**, die das Paket zur Rotation veranlaßt (. In Band 9 u.a. wo wir den Spin noch nicht als physikalische Rotation begriffen, haben wir die zusätzliche Welle Koppplungsquant C genannt. Die Rotation S ist etwas anschaulicher. ( Wir hören die Physiker gerade gegen die Decke springen ). Als Träger des Spin gibt es zwei Optionen: entweder nur die Spinwelle oder verteilt auf alle Wellen des Kopfes. Beide führen zu ganz ähnlichen Ergebnissen) ). Wir notieren für die Weltformel:

**Gn** = Su **( Lm, S )** m<=4
Gn=Wellengruppe n, L=Ladung, S=Spin
**Pn** = Su **( Gm )** m<= 4
P=Partikel=Elementarteilchen

Die Elementarteilchen Neutrino, Elektron und Quark (Fermionen) setzen sich also aus Wellengruppen zusammen, die Bosonen (Licht, Gluonen) haben nur eine Wellengruppe. Dabei erzeugen die Ladungen der Fermionen Feldquanten, bei den Bosonen wird das durch den Spin 1 verhindert.

## 5 Entstehung von Feldern

### 5.1 Schwerefeld (Gravitation)

Hier sind sich ausnahmsweise alle Physiker einig: Gravitation ist das „Urfeld“ das als erstes entand. Einstein hat die Raumkrümmung als Grund benannt und damit statt einer Erklärung (auf zugegeben elegante Art) eine neue Frage geliefert Eine mathematische Begründung für die Funktionsweise hat auch Higgs im Rahmen der Feldquantentheorie geliefert. Wir wollen dennoch statt des Higgs-Boson den Namen Graviton belassen, weil das Boson auch bei der Entstehung der anderen Felder mitwirkt.:

Woher kommen die Bosonen (Gravitonen)? Sie sind überall.- O.k. Wie entstehen sie? Die Frage läßt sich durch die Einführung weiterer Entwicklungsstufen für Quanten vor dem Standardmodell beantworten. Die Urquanten haben wir schon kennengelernt. Vor der Entstehung der Elementarteilchen gemäß Standardmodell (Fermionen, Bosonen) gibt es nach unserem Verständnis die Sekundärquanten. Sie – selbst nicht nur Wellen sondern Wellenpakete – liefern die Bausteine der Teilchen und auch die genannten Gravitonen. (Bild 5.1 Entwicklungsstufen der Quanten). Je mehr Gravitonen ein Teilchen pro Zeiteinheit treffen, umso schwerer ist es. Anders als bei Higgs bleiben die Gravitonen nicht am Teilchen kleben sondern sie ersetzen die getroffene Welle, die ihrerseits ein Feldboson aussendet.(Bild 5.2 Erzeugung von Feldquanten).

| **Typ der Objekte** | **Physikalisches Modell** |
|---|---|
| Urquanten | Entstehung des Etwas |
| Primär-,<br>Sekundärquanten | Quelle für die Bausteine<br>der Teilchen im Stdmodell |
| Fermionen,<br>Bosonen<br>(Elektron,<br>Lichtquant...) | Standardmodell |
| Teilchen | klassisches<br>Physikmodell |

**Bild 5.1: Entwicklungsstufen der Quanten und Erklärungsmodell**

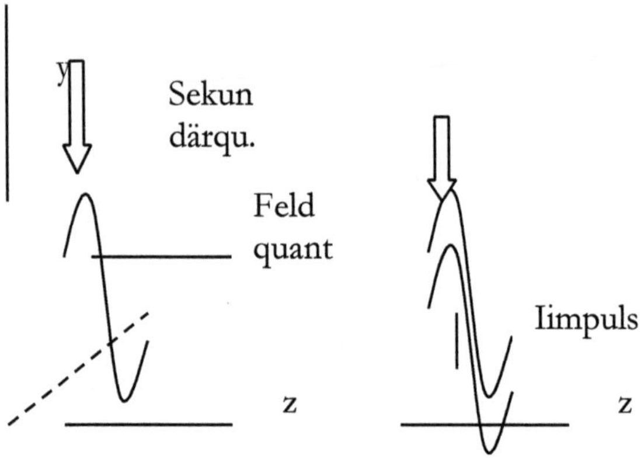


**Bild 5.2 : Feldquantenerzeugung**

Jeder Treffer eines Gravitons (Sekundärquant) mit einer Welle (Subquant SQ) eines Teilchens erzeugt einen Impuls (h) und eine Lücke, die durch ein nächstes SQ gefüllt wird. Die Masse ist also h x Frequenz f (/Konstante). Wir notieren:

**Grav** =^ **Su ( I** der **SQ )** =^ **f**

In Band I, II und IX wird (rein empirisch) versucht, eine Verbindung zwischen der Masse (in eV) und der Anzahl ihrer Subquanten zu finden. Die Teilchen betehen Wellengruppen und diese aus Subquanten. Die Zahl der Kollisionen mit ihnen ist also von ihrem Aufau, vor allem ihrer Zahl (und Anordnung) abhängig. Dabei werden nur die SQ in der führenden Wellengruppe gerechnet, oder die Zahl der Wellengruppen gerechnet (das Ergebnis ist gleich). Dabei ergibt sich eine recht gute Übereinstimmung zwischen Masse und 2 x Zahl dieser SQ als Exponent. Das sollte sich, wenn es denn richtig ist, auch physikalisch erklären lassen. Nehmen wir Neutrino (SQ = 1) und Elektron (SQ = 2). Mit der Basis 10 ergibt sich für das Neutrino 100, für das Elektron 10 exp (2 x 2) = 10 000. Wie kann die Frequenz durch ein einziges SQ um das 100 fache zunehmen? Ein Ansatz könnte die wesentlich größere Treffermöglichkeit bei mehreren SQ sein. (Dabei müssen wir berücksichtigen, daß der Aufbau der Teilchen mit Subquanten wie auch deren Beschuß mit Sekundärquanten mit unseren Modellen nur mäßig begründet und die Bildung der höheren Teilchen-Generationen mit weiteren Subquanten nur eine Vermutung sind).

## 5.2 Andere Felder

Neben dem Schwerefeld gibt es noch das elektrische, magnetische, das schwache und das starke Feld. Diese Felder (außer dem schwachen?) kennen im Gegensatz zur Gravitation Plus und Minus und das in verschiedenen Varianten. Für uns verständlich, denn die Gravitation wird durch die Sekundärquanten (Graviton) erzeugt, die anderen Felder durch Feldquanten **FQ** (als Boten der Ladungsquanten = Subquanten) Sie müssen die genaue Ladungsinformationen übermitteln: Art, Polung, Farbe (beim Quark), Stärke, Richtung). Bild 5.3 zeigt den Unterschied zwischen den beiden Feldtypen.

Dabei fallen das Z- (schwache Ladung) und W- (schwache u. elektrische Ladung) aus dem Rahmen: sie übertragen die Ladungen selbst, nicht Ladungsinformationen.

Dieser Erklärungsansatz bietet eine einheitliche Interpretation aller Felder. Die Frage der Entstehung der Feldquanten ist geklärt. Virtuelle Hilfskonzepte sind überflüssig. In Ergänzung hierzu beschreibt die Feldquantentheorie - meist über sog. Feldkrafttensoren - die quantitativen Bezüge. Zum funktionalen Verständnis ist die Enticklung der einzelnen Quantentypen auseinander erforderlich :

**SQ -> LQ -> FQ**

SQ = Sekundärquant, hier = Graviton,
LQ = Ladungsquant = = ein Subquant.

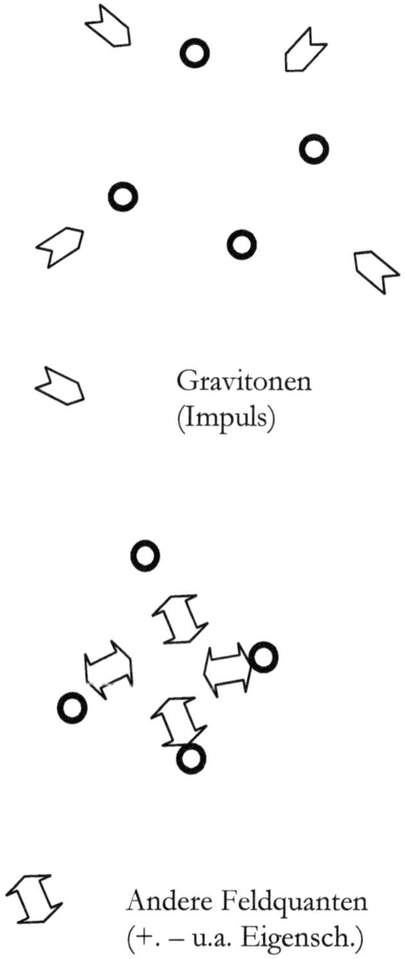


**Bild 5.3 Feldtypen**

# 6 Neue physikalische Konzepte

## 6.1 Quantenkonzept: unscharfe Größen

Eine quantisierte Betrachtung erfordert eine Zerlegung eines kontinuierlichen Ablaufes in kleinste Schritte. Das erlaubt neue Einsichten zB. bei den Feldern mit den Feldquanten und bei den Elementarteilchen mit den Subquanten, wie wir gezeigt haben. Der Erklärungskonflikt zwischen Teilchen- und Welleneigenschaften wird dadurch weitgehend aufgelöst.

Die Betrachtung in kleinsten Einheiten hat zwingend eine Unschärfe zur Folge: Unterhalb gibt es keine Aussage. Das gilt für alle quantisierbaren Variablen (**qV**) wie Raum, Zeit, Masse, Wirkung (Energie x Zeit). In einem formalen Zusammenhang kann die (Meß)genauigkeit einer Variablen (**D**V1) nur mit der Ungenauigkeit einer anderen (**D**V2) verändert werden:

**D**V1 x **D**V2 >= **qV**

Bekanntes Beispiel ist der Zusammenhang zwischen Ort und Impuls (V1, V2) und dem Wirkungsquantum **h** (qV). Die „geisterhafte Fernwirkung“ hat damit nichts zu tun. An anderer Stelle (Band 9, 10) haben wir hierfür einen Erklärungsversuch angeboten.

## 6.2 Relativistisches Konzept: Objekte in Bewegung

Bei sehr hoher Geschwindigkeit (nahe Lichtgeschwindigkeit **c**) ändern sich die Beobachtungsergebnisse. Das liegt daran, daß die Lichtgeschwindigkeit nicht überschritten werden kann. Wenn also ein Beobachter ein mit v bewegtes System beobachtet, das Licht aussendet, kann er dennoch nur c als Lichtgeschwindigkeit messen, nicht c + oder – v.

Mit die Festlegung c = konst läßt sich ein (Lorentz) Faktor ableiten, der die Größen korrigiert: Länge in Bewegungsrichtung, Zeit, Masse:

1/SQR (1- v2/**c**2)

Wenn v = c wird, ist dieser Ausdruck unendlich.Entsprechend wird für den Beobachter die Masse unendlich, bei Zeit und Länge ergibt sich (etwas andere Formulierung) null. Der Beobachtete selbst, der Bewegte, bemerkt gar nichts.

Ein weiterer Einfluß ergibt sich durch die beschleunigte Bewegung (allgemeine Relativitätstheorie): Uhren gehen (im Gravitationsfeld) langsamer. Als Begründung für die Wirkung einer Beschleunigung bietet das allgemeine relativistische Modell. die Raumkrümmung an - und erklärt damit nur sich selbst. – Es sei denn sie wird als Ergebnis der Wirkung der Sekundärquanten aufgfaßt. Dann landen wir auf dem „alten“ Pfad.

Die Effekte sind durch Versuche belegt. Für den Spin bei Masseteilchen hat Dirac die Größe ½ durch einen relativistischen Ansatz hergeleitet.

## 7 Verbindung zur klassischen Physik

### 7.1 Newton

Vor allem die Lehre der Gravitation von Newton ist bekannt.Er hat experimentell gefunden, daß die Kraft der Massenanziehung F der Regel folgt:

**F =** konst x **M**a x **M**b / **A**bstand exp2

Wir wollen sehen, ob die Regel mit dem Verständnis der neueren Physik, insbesondere der Feldquanten, vereinbar ist. Wir stellen uns die Masse aus vielen einzelnen Massenträgern (Quanten) zusammengesetzt vor. Dann bedeutet die Regel, daß jedes Massenelement von a mit jedem von b wechselwirken muß. Damit ergeben sich a x b Wechselwirkungen. (Bild7.1) Da die Wirkung über „Strahlung“ der Feldquanten erfolgt, muß sie mit zunehmender Entfernung (=zunehmende Fläche) quadratisch abnehmen. Das Feldquant (Sekundärquant als Graviton) kennt keine Anziehung, nur Impuls = Abstoßung. Da die Massen von allen Seiten mit Gravitonen bombardiert werden, können sie also nur Gravitonen von der Gegenseite abschirmen und so indirekt die Anziehung bewirken. Die empirische Regel ist damit bestätigt. Die Konstante muß Impuls und Dichte der Sekundärquanten berücksichtigen. Es hat den Anschein, daß die im ganzen Universum gleich sind.

Der relativistische Ansatz führt bei kleinen Geschwindigkeiten numerisch zum gleichen Ergebnis. (bei höheren Geschwindigkeiten wirkt sich die relativistische Zunahme der trägen Masse aus.

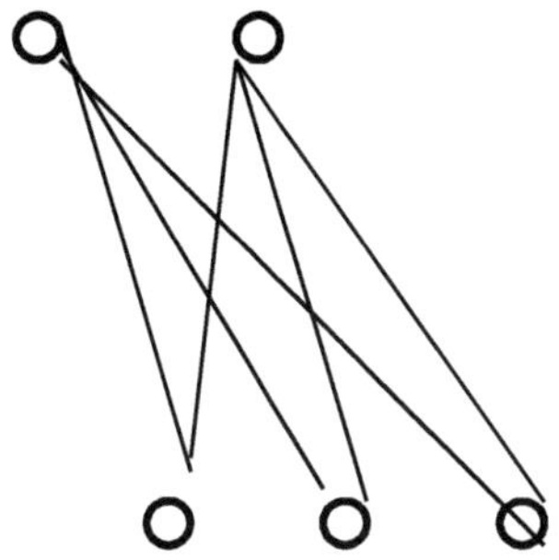


**Bild 7.1: Enstehung der Feldkräfte**

Der Formalismus für „die anderen“ Feldkräfte, insbesondere der elektrischen Ladung **Q** ist dergleiche:

**F** = konst x **Q**a x **Q**b / **A**bstand exp2

Hier sind die Sekundärquanten (Gravitonen) über die Subquanten in Feldquanten transformiert. Die Abstoßung wird von gleichartigen Feldquanten der Pole durch Ansteigen der Dichte (erkennbar an den Feldlinien) erzeugt. Bei der Anziehung vernichten sich ungleichartige (plus und minus) Felquanten und dünnen das Feld aus. Das ist ein mindestens faktorieller Prozeß, der gegenüber dem linearen (Quantenschatten) der Gravitation ganz andere Dimensionen erwarten läßt (10 exp x). Für die Konstanten sind (bei gleichen Bedingungen:Vakuum) vor allem die Dichte auslösenden Quanten und wohl auch die Unterschiede in der Wirkung zu berücksichtigen.

## 7.2 Maxwell

Die sog. Maxwellschen Gleichungen beschreiben elektromagnetische Felder (Fundament der Elektrodynamik). Danach verhalten sich elektrisches und magnetisches Feld weitgehend symmetrisch: Ein elektrisches veränderliches Feld erzeugt ein magnetisches Wirbelfeld und umgekehrt.

el Feldstärke E(V/m) = f ( mag Flußdichte B(As/m2))
mag Feldstärke H(A/m) = f ( el Flußdichte D(Vs/m2))

mag Flußdichte steht für m Induktion. Dieser Zusammenhang wird bei der elektromagnetischen Welle deutlich (Bild 7.2).: Das elektrische Wechselfeld (der Antenne eines Senders) erzeugt ein magnetisches und das wieder ein elektrisches usw. Dabei sind die Wellen(phasen) in Ausbreitungsrichtung jeweils um 180° versetzt, quer dazu um 90° gedreht.

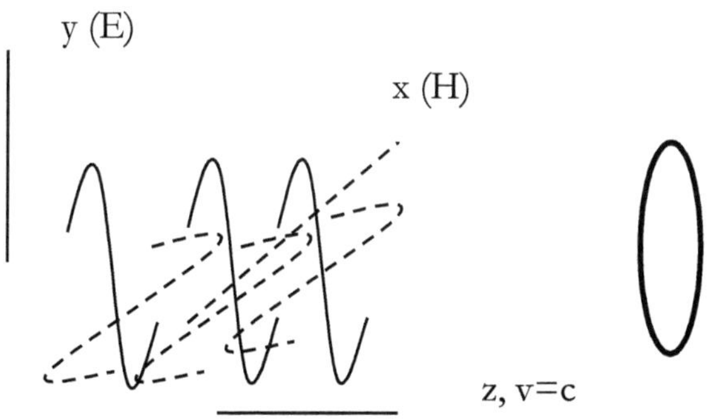


**Bild 7.2: elektro-magnetische Welle in z-Richtung**

Wie können die Modelle der Elementarteilchen und Felder (Kap 4, 5) das erklären? Die Wellengruppe am Kopf des Elektrons besteht aus einer elektrischen-, magnetischen- und einer (neutralen) Kopplungs- od Spinwelle. Die elektrische y/z und magnetische x/z Welle (Ladungsquanten) sind um 90° gegen die z-Achse gekippt. Der Spin dreht beide in einer Wellenphase von 180° genau um 90°, so daß die magnetische Welle die Schwingungsrichtung der elektrischen einnimmt (und umgekehrt, - die Frequenz des Spins ist halb so groß wie die der Ladungsquanten). Damit trifft der Sekundärquantenstrom die „Breitseite" der Wellen jeweils nach 90° Spindrehung = 180° Phasenänderung. Das ist genau das, was Bild 7.2 aussagt.

Es gibt eine weitere Erkenntnis von Maxwell, die unser Teilchen- und Feldmodell und damit unseren Ansatz eines umfassenden Formalismus stützen: Wir haben festgestellt (gefolgert), daß die Feldquanten zwingend der Signatur ihrer Absender bedürfen, um korrekt kommunizieren zu können. Maxwell stellt fest, daß sich wechselnder Strom auch über Leitungslücken (Kondensator) hinweg fortsetzt. Er nennt das den Verschiebungsstrom. Das sind keine Elektronen sondern die signierten Quanten der Felder ( Kap 5).

# 8 Neue Fragen

## 8.1 Dunkle Materie und Energie

Dunkle Materie (25% des Universums) und Energie (70%) wurden eingeführt, um einerseits die Beständigkeit der Galaxien, anderseits die Expansion des Universums zu erklären. Das mehrstufige Quuantenmodell (Bild 5.1) bietet eine Erklärung: Für die dunkle Energie sind die nicht transformierten Primärquanten, für die dunkle Materie die nicht zu Subquanten (Teilchen) umgewandelten Sekundärquanten verantwortlich. Das Zahlenverhältnis ist plausibel, wenn man unterstellt, daß der nicht sublimierte Anteil der Quanten zum Ursprung hin immer größer wird. So ist es bei den Galaxien zu beobachten. Außerdem sind die Sekundärquanten ohnehin die Quelle der Gravitonen und die Primärquanten die der Sekundärquanten und damit der Energie allgemein.

## 8.2 Gibt es mehrere Universen?

Sollte das Universum einzigartig sein? Es gibt nichts Einzigartiges, zumal dann nicht, wenn man eine gewisse Variationsbreite zuläßt. Wenn also das Universum einmal enstanden ist, warum sollte es nicht mehrere geben. Der Mensch hat immer den Fehler gemacht, zu anthropozentrisch zu denken. Wenn es mehrere Universen gibt, dann ist die Frage nach dem Anfang entschärft. – Aber nicht gelöst.

### 8.3 Verändert sich der Quantenmix?

Natürlich! In jeder Zeiteinheit, die größer ist als das (kleinste) Zeitquantum verändern sich Quanten. Also sollte sich auch die Zusammensetzung langristig ändern. Diese Fragen und Antworten sind ebenso relevant wie die Kollision unserer Galaxie mit einem Nachbarn in 5 Mrd Jahren, dem Ausbrennen der Sonne in 4 Mrd, dem Verschwinden des Mondes in „absehbaren" hunderten Millionen von Jahren...Die Fragen könnten eine gewisse Bedeutung bekommen, wenn wir die Zerstörung unserer Welt längerfristig stoppen und Reisen ins Weltall beginnen könnten.

## 9 Zusammenfassung

Was ist die Weltformel? Sie ist eine Anleitung zum Verständnis, zum Werden des Universums. Die Weltformel beginnt mit dem Anfangssatz des Etwas:

**N > Ns > ( I )** N = Nichts, s = strukturiert
**( I ) =^ E** , I =Impuls, E= Etwas

Sie setzt sich fort mit der Wellenbildung auf der Basis des Erhaltungssatzes und seiner Varianten, wie der Satz vom Grunde und der Satz vom Wirkungsoptimum (Lagrange, Hamilton).

**Su (A)** = const A = Alles

**E** n = **f ( E** m ) E = Etwas n > m

**W** =! **Min ( En** kin – **En** pot **)**
W = Wirkung = Energie x Zeit

Mit der Wellenarithmetik

Welle 1 +,- , ... Welle k = Welle m

ergeben sich die Wellengruppen der Primär- und Sekundärquanten sowie mit dem evolutionären Code der Elementarteilchen:

**G**n = Su **( L**m, **S )** m<=4
Gn=Wellengruppe n, L=Ladung, S=Spin

**P**n = Su **(** **G**m **)** m<= 4
P=Partikel=Elementarteilchen

Das „Urfeld“ der Gravitation ensteht mit den Impulsen der Sekundärquanten (Gravitonen, Higgsbosonen)

**Grav** =^ **Su ( I** der **SQ )** =^ **f**

und die anderen Felder über die LQ = Ladungsquant = ein Subquant

**SQ -> LQ -> FQ**
SQ = Sekundärquant, hier = Graviton,

Damit können wir die Formel für die Anziehung und Abstoßung von zwei Objekten O angeben

**F =** konst x **O**a x **O**b / **A**bstand exp2

Je nach Verwendung könnte man noch andere Beziehungen zB. aus der quantisierten und relativistischen Betrachtung angeben. Im Wesentlichen ist das Universum damit beschrieben. Es bedarf hier keiner materieller oder energetischer Voraussetzungen, nur der Grundregeln des Erhaltungssatzes mit seinen Varianten. Wir nehmen dabei das Dilemma zwischen dem fehlenden Anfangsgrund und dem Erhaltungssatz in Kauf. Es relativiert sich mit dem zu vermutenden Multiversum.

**Literatur**

**Derselbe Autor**

Das Innenleben der Elementarteilchen. Bod.de 2008

Structure of Quantum I. Amazon.com 2010

Das Innenleben der Elementarteilchen II. Felder, Ladungen, Kräfte. Bod.de 2009

La structure des Particules élémentaires III. Le Néant le Tout et Dieu. Bod.fr 2me ed. 2012

Structure of Quantum IV General Model. Bod.de 20010

Das Innenleben der Elementarteilchen V. Detailmodell. Bod.de 2010

La structure des Particules élémentaires VI. Les règles du néant du tout et du Dieu. Bod.fr 2012

La structure des Particules élémentaires VII f 3me ed. Le Début de l'Univers Bod.fr 2012

Der Sinn des Individuums und des Universums. Das Innenleben der elementarteilchen VIII d.BoD.de 2012

Le Sens de l'Indinidu et de l'Univers La structure des Particules Élémentaires VIII f. BoD.fr 2013

Rätsel der Teilchen und des Universums. Das Innenleben der Elementarteilchen IX d.BoD.de 2013

Der Schlüssel des Universums. Das Innenleben der Elementarteilchen X d.BoD.de 2014

**Stichworte**